RUPESH KUMAR TIPU

Web design responsivo com HTML5 e CSS3

RUPESH KUMAR TIPU

Web design responsivo com HTML5 e CSS3

ScienciaScripts

Imprint
Any brand names and product names mentioned in this book are subject to trademark, brand or patent protection and are trademarks or registered trademarks of their respective holders. The use of brand names, product names, common names, trade names, product descriptions etc. even without a particular marking in this work is in no way to be construed to mean that such names may be regarded as unrestricted in respect of trademark and brand protection legislation and could thus be used by anyone.

Cover image: www.ingimage.com

This book is a translation from the original published under ISBN 978-620-7-47593-3.

Publisher:
Sciencia Scripts
is a trademark of
Dodo Books Indian Ocean Ltd. and OmniScriptum S.R.L publishing group

120 High Road, East Finchley, London, N2 9ED, United Kingdom
Str. Armeneasca 28/1, office 1, Chisinau MD-2012, Republic of Moldova, Europe
Printed at: see last page
ISBN: 978-620-8-11263-9

Conteúdo

PREFÁCIO

No panorama em constante evolução do design e desenvolvimento Web, o advento do design Web reativo marcou uma mudança de paradigma na forma como criamos e interagimos com os sítios Web. Este livro, "Responsive Web Design with HTML5 and CSS3", nasce da necessidade de enfrentar os desafios e oportunidades apresentados pela proliferação de dispositivos com diferentes tamanhos e resoluções de ecrã. Destina-se a web designers e programadores, desde principiantes que procuram compreender os fundamentos até profissionais experientes que procuram melhorar os seus conhecimentos com as melhores práticas mais recentes em matéria de design reativo.

A viagem para escrever este livro foi inspirada pela simples mas profunda constatação de que a Web já não está confinada aos computadores de secretária. Smartphones, tablets, computadores portáteis e uma miríade de outros dispositivos tornaram-se janelas através das quais experienciamos o mundo digital. Esta diversidade traz consigo o desafio de garantir uma experiência de utilizador perfeita em todas as plataformas - um desafio que o Web design responsivo pretende enfrentar.

Este livro está estruturado de forma a levá-lo numa viagem abrangente através dos princípios, estratégias e tecnologias que tornam os sítios Web receptivos e fáceis de utilizar. Começa com uma exploração da evolução do Web design, desde os layouts fixos até às grelhas fluidas actuais, preparando o terreno para uma compreensão mais profunda do design reativo. À medida que nos aprofundamos no núcleo do Web design reativo, ser-lhe-ão apresentadas as tecnologias fundamentais do HTML5 e do CSS3, aprendendo como funcionam em conjunto para criar Web sites flexíveis, acessíveis e esteticamente agradáveis.

Os capítulos que se seguem são dedicados a aplicações práticas e técnicas avançadas, incluindo a utilização de Flexbox e CSS Grid para gestão de layouts, criação de suportes flexíveis e otimização para ecrãs de elevado DPI. Cada tópico é apresentado com foco na usabilidade do mundo real, garantindo que pode aplicar o que aprendeu aos seus projectos.

Ao longo do livro, procurei encontrar um equilíbrio entre teoria e prática, fornecendo exemplos, melhores práticas e estudos de caso que ilustram os princípios discutidos. O meu objetivo é dar-lhe os conhecimentos e as competências necessárias para criar Web sites que não só tenham um aspeto bonito em qualquer dispositivo, como também ofereçam uma experiência de utilizador intuitiva e envolvente.

Ao embarcar nesta viagem comigo, encorajo-o a experimentar, explorar e ultrapassar os limites do que acredita ser possível em termos de web design. O campo do design reativo é dinâmico e está em constante evolução, e há sempre algo novo para aprender e descobrir. Quer seja um principiante a dar os primeiros passos ou um profissional experiente que procura manter-se à frente da curva, este livro foi concebido para ser um recurso valioso no seu caminho para dominar o design Web reativo.

Obrigado por ter escolhido este livro como seu guia. Estou entusiasmado por partilhar esta viagem consigo e estou ansioso por ver os sítios Web incríveis que irá criar.

CHAPTER 1: Compreender a conceção responsiva da Web

1.1 A evolução do Web design: Do estático ao responsivo

O percurso do web design tem registado transformações notáveis, como se pode ver na **Figura 1 - 1**O design da Web passou da simplicidade das páginas estáticas para a complexidade dos designs reactivos. Nos primórdios da Internet, as páginas Web serviam essencialmente como brochuras digitais. Estas páginas, caracterizadas pela sua natureza estática, apresentavam a mesma disposição e conteúdo, independentemente do dispositivo ou do tamanho do ecrã em que eram visualizadas. Esta era dependia fortemente do HTML e do CSS para estruturar e estilizar o conteúdo, mas carecia de flexibilidade e adaptabilidade. Os utilizadores experimentavam frequentemente uma abordagem de design Web de tamanho único, que não tinha em conta os diferentes tamanhos de ecrãs e dispositivos.

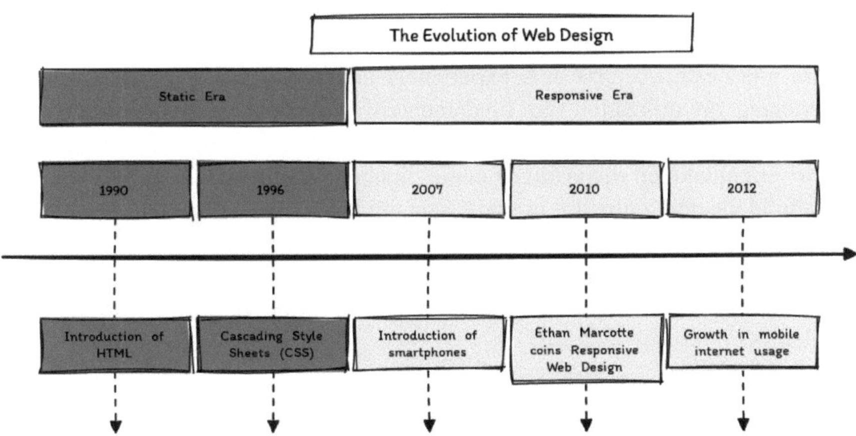

Figura 1 - 1. A evolução da conceção da Web, das páginas estáticas à conceção reactiva

Com a evolução da tecnologia, também evoluíram as expectativas dos utilizadores e as capacidades dos dispositivos. A introdução de smartphones e tablets com capacidades de Internet marcou um ponto de viragem na conceção da Web. Estes dispositivos, com as suas diferentes dimensões e resoluções de ecrã, evidenciaram as limitações da conceção estática da Web. A necessidade de uma abordagem mais versátil e fácil de utilizar tornou-se evidente. Esta constatação levou ao desenvolvimento do design Web reativo, um paradigma que adapta a disposição de um sítio Web ao ambiente de visualização através da utilização de grelhas fluidas baseadas em proporções, imagens flexíveis e consultas multimédia CSS3.

O design Web responsivo representa uma mudança fundamental na forma como os designers abordam os projectos Web. Ethan Marcotte, responsável pela criação do termo, sublinhou a importância de criar experiências Web que sejam acessíveis e funcionais em qualquer dispositivo. Esta abordagem utiliza uma combinação de grelhas e layouts flexíveis, imagens e uma utilização inteligente de consultas multimédia CSS. Quando um utilizador muda do seu computador portátil para um iPad, por exemplo, o sítio Web deve mudar automaticamente para se adaptar à resolução, ao tamanho da imagem e às capacidades de scripting. Essencialmente, o sítio Web deve ter a tecnologia para responder automaticamente às preferências do utilizador. Isto elimina a necessidade de uma fase de conceção e desenvolvimento diferente para cada novo gadget no mercado.

A transição do design estático para o design reativo reflecte uma tendência mais ampla no sentido de tornar os conteúdos digitais acessíveis e agradáveis para uma gama diversificada de utilizadores. Esta evolução sublinha a passagem da Web de um meio estático para uma experiência interactiva, em que o conforto e a experiência do utilizador são fundamentais. Ao adotar o design reativo, os programadores e os designers podem criar páginas Web que não só têm um ótimo aspeto em qualquer dispositivo, como também melhoram a usabilidade e a acessibilidade dos conteúdos digitais. Esta mudança não só responde aos desafios técnicos colocados pela proliferação de dispositivos, como também se alinha com uma visão mais inclusiva da Web, em que todos, independentemente do dispositivo que escolherem, podem aceder a informações e serviços sem problemas.

Em conclusão, a evolução da conceção estática para a conceção reactiva da Web constitui um marco significativo na história da Web. Reflecte a compreensão da Internet como um espaço dinâmico, centrado no utilizador, que deve responder às diversas necessidades dos seus utilizadores. O design responsivo não se limita a ajustar os tamanhos dos ecrãs; trata-se de repensar a forma como os sítios Web são construídos desde o início. À medida que a Web continua a evoluir, o design reativo permanece na vanguarda, garantindo que as experiências na Web são acessíveis, agradáveis e funcionais para todos.

1.2 Princípios fundamentais do design responsivo

A conceção responsiva da Web assenta numa base de princípios fundamentais destinados a proporcionar uma experiência de visualização óptima numa vasta gama de dispositivos. Estes princípios garantem que um sítio Web é acessível, utilizável e agradável, independentemente da forma como o utilizador escolhe aceder ao mesmo. Os princípios fundamentais do design reativo incluem grelhas fluidas, imagens flexíveis e consultas multimédia (ver **Figura 1 - 2**), que funcionam em harmonia para criar uma experiência Web sem descontinuidades.

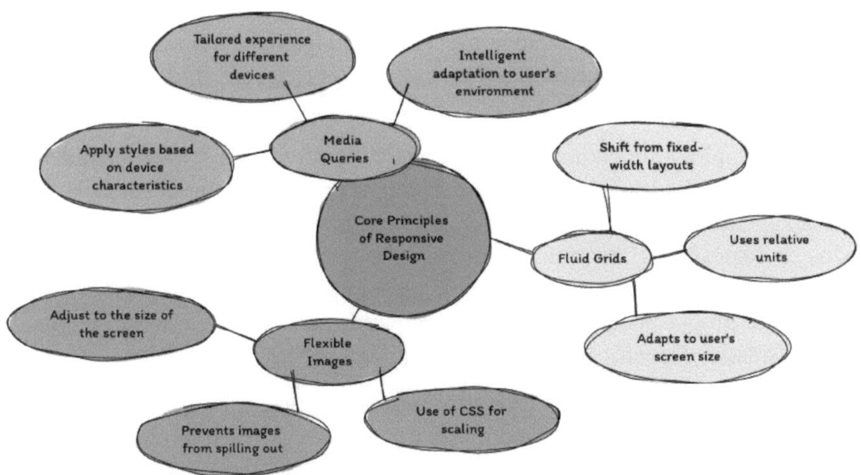

Figura 1 - 2. Os princípios fundamentais da conceção reactiva

Grelhas fluidas: As grelhas fluidas representam uma mudança de layouts de largura fixa para layouts que se adaptam ao tamanho do ecrã do utilizador. Esta abordagem utiliza unidades relativas, como percentagens, em vez de unidades absolutas, como píxeis, para as dimensões da apresentação. Ao fazê-lo, as grelhas fluidas garantem que a disposição de um sítio Web pode esticar ou encolher para se adaptar ao tamanho do ecrã sem quebrar ou perder a sua integridade estrutural. Esta flexibilidade é crucial para manter uma experiência de utilizador consistente em dispositivos com diferentes tamanhos de ecrã.

Imagens flexíveis: Tal como as grelhas fluidas adaptam a disposição ao ecrã, as imagens flexíveis ajustam-se de acordo com o tamanho do ecrã. Isto é conseguido definindo as imagens em unidades relativas ou utilizando CSS para garantir que são dimensionadas dentro dos limites dos seus elementos de contentor. O objetivo é evitar que as imagens saiam dos seus contentores, o que pode perturbar a disposição e afetar negativamente a experiência do utilizador. As imagens flexíveis são essenciais para preservar a estética visual de um sítio Web em todos os dispositivos.

Consultas de mídia: As consultas multimédia são uma funcionalidade poderosa do CSS3 que permite aos designers aplicar estilos com base nas caraterísticas do dispositivo que visualiza o sítio Web, como a sua largura, altura, orientação e resolução. Ao utilizar as consultas multimédia, os designers podem criar diferentes conjuntos de regras para o aspeto de um sítio Web em vários dispositivos. Isto permite uma experiência mais personalizada, garantindo que os utilizadores obtêm uma versão do sítio que é mais adequada ao seu dispositivo. As consultas multimédia funcionam como a inteligência subjacente ao design responsivo, permitindo que os sítios Web se ajustem proactivamente ao ambiente do utilizador.

Estes princípios fundamentais do design reativo são interdependentes, desempenhando cada um deles um papel vital na criação de experiências Web que não são apenas visualmente apelativas, mas também funcionalmente robustas em todos os dispositivos. As grelhas fluidas fornecem a base estrutural, as imagens flexíveis garantem que esta estrutura é visualmente consistente e as consultas multimédia proporcionam adaptabilidade, permitindo que o sítio Web responda às necessidades específicas de cada dispositivo.

A implementação destes princípios requer uma compreensão profunda da forma como os utilizadores interagem com os sítios Web em diferentes plataformas. Os designers e programadores devem ter em conta factores como a interação entre o toque e o rato, as limitações do tamanho do ecrã e as capacidades do dispositivo. Esta abordagem centrada no utilizador sublinha a importância do design reativo na criação de experiências Web inclusivas que satisfaçam um público diversificado.

Em resumo, os princípios fundamentais do design reativo - grelhas fluidas, imagens flexíveis e consultas multimédia - permitem coletivamente que os sítios Web proporcionem uma experiência consistente e sem descontinuidades, independentemente do dispositivo. Ao aderir a estes princípios, os profissionais da Web podem garantir que os seus sítios Web não são apenas acessíveis e utilizáveis, mas também agradáveis para todos, reflectindo a natureza dinâmica e inclusiva da Web moderna.

1.3 O papel do HTML5 e do CSS3 no design responsivo

A evolução das tecnologias Web, em particular o HTML5 e o CSS3, tem sido fundamental para o avanço do design reativo. O HTML5 e o CSS3 oferecem uma base sólida para a criação de páginas Web que podem adaptar-se dinamicamente a vários dispositivos, garantindo uma experiência de utilizador óptima. Estas tecnologias desempenham papéis fundamentais na implementação do design reativo, contribuindo cada uma delas com caraterísticas únicas que facilitam uma Web mais flexível, interactiva e acessível.

1.3.1 *HTML5: Uma base semântica*

O HTML5 introduz mais elementos semânticos que permitem uma estrutura de código mais clara e uma melhor acessibilidade do conteúdo. Elementos como `<header>`, `<footer>`, `<nav>` e `<article>` facilitam aos web designers a organização lógica do conteúdo e a compreensão e apresentação correta do conteúdo pelos dispositivos. Esta abordagem semântica é crucial para o design reativo, uma vez que garante que o conteúdo é estruturado não só para a estética visual, mas também para a funcionalidade em diferentes dispositivos. Além disso, o HTML5 melhora as capacidades multimédia da Web sem a necessidade de plug-ins proprietários. Elementos como `<vídeo>` e `<áudio>` são suportados de forma nativa, o que simplifica a incorporação de multimédia de uma forma acessível em todos os dispositivos. Este suporte nativo desempenha um papel significativo no design responsivo, garantindo que o conteúdo multimédia é flexível e adaptável ao contexto de visualização do utilizador.

1.3.2 *CSS3: O facilitador de estilo e flexibilidade*

O CSS3, com as suas funcionalidades de estilo avançadas, está no centro da criação de designs responsivos visualmente apelativos e funcionalmente robustos. A introdução das media queries no CSS3 revolucionou o design responsivo, permitindo aos designers criar estilos específicos com base numa vasta gama de caraterísticas consultáveis do dispositivo do utilizador, incluindo a largura, resolução e orientação do ecrã. Esta capacidade permite que as páginas Web ajustem automaticamente a sua disposição, tipografia e outros elementos estilísticos para proporcionar uma experiência de visualização óptima em qualquer dispositivo. Além disso, o CSS3 introduz funcionalidades como a flexbox e os layouts de grelha, que oferecem mais controlo e flexibilidade na conceção de layouts responsivos. Estes modelos de apresentação permitem aos designers criar apresentações complexas e adaptáveis que se adaptam automaticamente a diferentes tamanhos e resoluções de ecrã.

1.3.3 *Integrar HTML5 e CSS3 para um design reativo*

A integração da estrutura semântica do HTML5 com as capacidades de estilo do CSS3 constitui a espinha dorsal do design Web reativo. O HTML5 estabelece as bases para uma página Web bem estruturada, significativa, acessível e fácil de utilizar, enquanto o CSS3 acrescenta a camada de estilo visual e adaptabilidade que é essencial para um design reativo. Em conjunto, permitem que os designers criem sítios Web que não só têm um ótimo aspeto em qualquer dispositivo, como também carregam mais rapidamente e se classificam melhor nos resultados dos motores de busca devido ao seu código optimizado e semântico.

Ao tirar partido das funcionalidades do HTML5 e do CSS3, os web designers e os programadores podem criar sítios que não só são reactivos, como também são interactivos e cativantes. Isto inclui animações, transições e transformações, que melhoram a experiência do utilizador sem comprometer o desempenho ou a acessibilidade. O HTML5 e o CSS3 também facilitam um processo de desenvolvimento mais simplificado, permitindo a utilização de código mais limpo e práticas de design mais eficientes.

Em conclusão, o HTML5 e o CSS3 são fundamentais para o desenvolvimento de uma conceção Web reactiva, oferecendo as ferramentas necessárias para criar sítios Web acessíveis, funcionais e visualmente apelativos em todos os dispositivos. Estas tecnologias permitiram aos profissionais da Web abraçar a natureza dinâmica da Web, assegurando que os sítios Web podem satisfazer as diversas necessidades dos utilizadores, hoje e no futuro.

1.4 Configurar um fluxo de trabalho responsivo

A criação de um fluxo de trabalho responsivo envolve a adoção de uma série de práticas e ferramentas que simplificam o processo de desenvolvimento de designs responsivos para a Web. Este fluxo de trabalho tem como objetivo enfrentar os desafios da conceção para vários dispositivos, incentivando a eficiência, a colaboração e os testes. Um fluxo de trabalho responsivo bem estruturado é essencial para fornecer sítios Web de alta qualidade que satisfaçam as diversas necessidades dos utilizadores em todos os dispositivos. Os passos seguintes descrevem os principais componentes de um fluxo de trabalho responsivo eficaz.

1.4.1 *Comece pelo conteúdo e pelo design Mobile-First*

Um fluxo de trabalho reativo começa frequentemente com uma concentração no conteúdo e uma abordagem de design que dá prioridade aos dispositivos móveis. Dar prioridade ao conteúdo garante que as informações e funcionalidades mais importantes estão acessíveis em todos os dispositivos, especialmente nos ecrãs mais pequenos, onde o espaço é limitado. Ao conceber em primeiro lugar para dispositivos móveis, os designers e programadores podem ter em conta as limitações dos ecrãs mais pequenos desde o início. Esta abordagem incentiva a simplicidade e obriga a dar prioridade aos elementos essenciais, que podem depois ser melhorados ou expandidos para ecrãs maiores. Começar pelo telemóvel também se alinha com a estratégia de melhoramento progressivo, garantindo que todos os utilizadores têm acesso ao conteúdo e à funcionalidade principais, independentemente das capacidades do seu dispositivo.

1.4.2 *Utilizar guias de estilo e sistemas de design*

A implementação de um guia de estilo ou de um sistema de design no início do fluxo de trabalho responsivo facilita a consistência e a eficiência. Os guias de estilo descrevem os princípios de design, a tipografia, os esquemas de cores e os componentes da IU, servindo de referência para a equipa de desenvolvimento. Um sistema de design mais abrangente inclui fragmentos de código reutilizáveis, componentes e padrões, permitindo aos programadores manter a consistência e acelerar o processo de desenvolvimento. Estas ferramentas são inestimáveis para garantir que o design e a funcionalidade permanecem consistentes em diferentes partes de um sítio Web ou em vários projectos.

1.4.3 *Adotar layouts flexíveis e fluidos*

Incorporar layouts flexíveis e fluidos desde o início é crucial para um fluxo de trabalho responsivo. A utilização de estruturas CSS que adoptam grelhas fluidas, como o Bootstrap ou o Foundation, pode acelerar o processo de desenvolvimento. Estas estruturas fornecem um conjunto de convenções e componentes pré-concebidos que são responsivos por predefinição, permitindo que os programadores se concentrem na personalização e otimização. A adoção de grelhas e layouts flexíveis garante que a estrutura do sítio Web é adaptável e escalável, facilitando uma transição mais suave entre diferentes tamanhos de ecrã.

1.4.4 *Implementar a conceção e o desenvolvimento iterativos*

A conceção responsiva da Web beneficia de uma abordagem iterativa à conceção e ao desenvolvimento. Isto envolve ciclos regulares de criação, teste e aperfeiçoamento do design e do código. As ferramentas de colaboração e os sistemas de controlo de versões, como o Git, apoiam este processo iterativo, permitindo que os membros da equipa trabalhem em simultâneo e acompanhem as alterações ao longo do tempo. A conceção e o desenvolvimento iterativos permitem flexibilidade para responder ao feedback e fazer ajustes com base em testes e análises de utilizadores.

1.4.5 *Enfatizar os testes e a otimização*

Os testes e a otimização contínuos são componentes essenciais de um fluxo de trabalho responsivo. Os testes devem abranger vários dispositivos, navegadores e tamanhos de ecrã para garantir que o sítio Web funciona bem em diferentes condições. Ferramentas como o BrowserStack ou ferramentas de teste de design responsivo integradas nos navegadores Web podem simular uma vasta gama de dispositivos e resoluções. A otimização também envolve a melhoria dos tempos de carregamento, o que é fundamental para os utilizadores móveis. Técnicas como a otimização de imagens, a redução de CSS e JavaScript e a utilização da cache do navegador são essenciais para melhorar o desempenho.

1.4.6 *Colaboração entre disciplinas*

Um fluxo de trabalho reativo prospera com a colaboração entre designers, programadores, criadores de conteúdos e partes interessadas. As ferramentas de comunicação e o software de gestão de projectos podem facilitar esta colaboração, garantindo que todos os membros da equipa estão alinhados e informados ao longo do projeto. As reuniões e os controlos regulares ajudam a sincronizar os esforços e a resolver prontamente quaisquer desafios.

Em suma, a criação de um fluxo de trabalho reativo envolve planeamento estratégico, adoção de uma abordagem que dá prioridade aos dispositivos móveis, utilização de guias de estilo ou sistemas de design, adoção de layouts flexíveis, iteração no design e desenvolvimento, prioridade aos testes e otimização e promoção da colaboração entre disciplinas. Seguindo estes passos, as equipas podem produzir eficazmente sítios Web com capacidade de resposta que oferecem uma experiência de utilizador perfeita e envolvente em todos os dispositivos.

CHAPTER 2: HTML5: Estruturação para capacidade de resposta

2.1 Elementos HTML5 semânticos para conteúdo estruturado

Os elementos HTML5 semânticos desempenham um papel fundamental na estruturação do conteúdo para a capacidade de resposta, garantindo que os Web sites são acessíveis, facilmente navegáveis e optimizados para os motores de busca. Estes elementos fornecem uma estrutura significativa ao conteúdo da Web, tornando-o compreensível não só para os navegadores e programadores da Web, mas também para os motores de busca e tecnologias de assistência. A utilização correta dos elementos semânticos é um aspeto fundamental do Web design responsivo, uma vez que ajuda a criar uma hierarquia de conteúdos lógica e uma disposição que se adapta bem a todos os dispositivos. Esta secção descreve os principais elementos semânticos HTML5 e as suas funções na estruturação de conteúdo para capacidade de resposta.

2.1.1 *Cabeçalho e navegação*

O elemento `<header>` representa o conteúdo introdutório ou um conjunto de ligações de navegação. O cabeçalho de um sítio Web inclui normalmente o logótipo do sítio, a navegação principal e, por vezes, um formulário de pesquisa ou outro conteúdo introdutório. O elemento `<nav>` é utilizado para definir uma secção de ligações de navegação, melhorando a acessibilidade das áreas de navegação do sítio Web. Em conjunto, estes elementos ajudam os utilizadores e as tecnologias a compreender a estrutura e as principais áreas de um sítio Web.

2.1.2 *Conteúdo principal e artigos*

O elemento `<main>` especifica o conteúdo principal de um documento, diretamente relacionado com ou expandindo o tópico central de um documento ou a funcionalidade central de uma aplicação. Este elemento ajuda a identificar o conteúdo principal, tornando mais fácil para os motores de busca e as tecnologias de assistência encontrarem a informação principal numa página. Dentro do conteúdo principal, o elemento `<article>` é utilizado para marcar conteúdos independentes e autónomos que podem ser potencialmente distribuídos ou reutilizados independentemente do resto do sítio, tais como publicações em blogues, artigos de notícias e comentários de utilizadores.

2.1.3 *Secções e apartes*

O elemento `<section>` define uma secção dentro de um documento, como capítulos, cabeçalhos, rodapés ou quaisquer outras secções do documento. É utilizado para agrupar conteúdos temáticos, sendo que cada secção inclui normalmente um título. O elemento `<aside>` representa uma parte de um documento cujo conteúdo está apenas indiretamente relacionado com o conteúdo principal do documento. O elemento <aside> é frequentemente utilizado para barras laterais, ligações relacionadas ou outros conteúdos que podem ser considerados separados, mas relacionados com o conteúdo principal.

2.1.4 *Rodapé*

O elemento `<footer>` define o rodapé de um documento ou secção. Normalmente, contém informações sobre o autor da secção, dados de direitos de autor ou ligações a documentos relacionados. Este elemento ajuda a estruturar o conteúdo final de uma página, fornecendo um ponto final claro para as secções de conteúdo acima dele.

2.1.5 *Figuras e legendas*

Os elementos `<figure>` e `<figcaption>` trabalham em conjunto para associar uma legenda a uma figura ou imagem. O elemento `<figure>` é utilizado para encapsular suportes como imagens, diagramas, fotografias, listagens de códigos, etc., juntamente com uma legenda opcional fornecida pelo elemento `<figcaption`>. Esta utilização semântica garante que as imagens e as suas legendas são entendidas como conteúdo relacionado e são apresentadas corretamente em todos os dispositivos.

A utilização destes elementos semânticos HTML5 contribui eficazmente para um Web site bem estruturado, acessível e reativo. Não só ajudam a organizar o conteúdo de forma lógica, como também desempenham um papel crucial na adaptação suave do conteúdo a vários tamanhos de ecrã. Ao adotar os elementos semânticos do HTML5, os web designers e programadores podem melhorar a experiência do utilizador, melhorar a SEO e garantir que o conteúdo mantém a sua integridade e objetivo em todas as plataformas e dispositivos.

2.2 Garantir a acessibilidade em HTML5

Garantir a acessibilidade em HTML5 implica tirar partido das funcionalidades da linguagem para criar conteúdos Web que possam ser utilizados por todos, incluindo pessoas com deficiência. O HTML5 introduz vários elementos e atributos concebidos para melhorar a acessibilidade, facilitando a interpretação e a interação das tecnologias de assistência com o conteúdo Web. Este enfoque na acessibilidade não é apenas uma questão de conceção ética da Web, mas também está em conformidade com os requisitos legais e as melhores práticas para espaços digitais inclusivos. Abaixo estão as principais estratégias para garantir a acessibilidade em HTML5.

2.2.1 *Utilizar elementos semânticos para a estrutura do conteúdo*

Os elementos semânticos como `<cabeçalho>`, `<nav>`, `<principal>`, `<secção>`, `<artigo>` e `<rodapé>` desempenham um papel crucial na estruturação de conteúdos com significado. Estes elementos transmitem às tecnologias de apoio a função e o objetivo das diferentes partes de uma página Web. Ao utilizar etiquetas semânticas, os programadores podem ajudar os leitores de ecrã e outros dispositivos de assistência a compreender a organização de uma página, tornando a navegação mais intuitiva para os utilizadores com deficiências visuais.

2.2.2 *Empregar os marcos ARIA (Accessible Rich Internet Applications)*

Embora os elementos HTML5 semânticos melhorem a acessibilidade, as funções e atributos ARIA oferecem formas adicionais de comunicar as funções, estados e propriedades dos elementos Web às tecnologias de assistência. Os marcos ARIA, como `role="banner"` para o cabeçalho ou `role="navigation"` para as áreas de navegação, fornecem pistas explícitas sobre o objetivo dos elementos. Estas funções ajudam os utilizadores com tecnologias de assistência a navegar e a interagir com o conteúdo da Web de forma mais eficiente.

2.2.3 *Incluir texto alternativo para imagens*

O atributo `alt` nas etiquetas `<img>` é essencial para descrever o conteúdo e a função das imagens aos utilizadores que não as conseguem ver. O fornecimento de texto alternativo descritivo permite que o software de leitura de ecrã transmita a informação ou a finalidade da imagem na página, tornando o conteúdo visual acessível a utilizadores com deficiências visuais.

2.2.4 *Garantir a acessibilidade do formulário*

Os formulários são um componente crítico de muitos sítios Web e torná-los acessíveis é vital. A utilização do elemento `<label>` com o atributo `for para` associar etiquetas de texto a controlos de formulários (como campos de entrada e botões) melhora a usabilidade para todos, incluindo os que utilizam leitores de ecrã. O HTML5 também introduz elementos de formulário como `<fieldset>`,

`<legend>` e novos tipos de entrada (`e-mail`, `data`, etc.) que melhoram a experiência do utilizador, fornecendo mais contexto e controlo.

2.2.5 *Fornecer legendas e transcrições para multimédia*

Para conteúdos de áudio e vídeo, o HTML5 oferece o elemento `<track>`, que permite aos programadores incluir legendas e subtítulos. A disponibilização de transcrições para conteúdos de áudio e vídeo é também crucial para os utilizadores surdos ou com dificuldades auditivas, bem como para os utilizadores que preferem ou necessitam de alternativas de texto aos conteúdos multimédia.

2.2.6 *Utilizar widgets JavaScript navegáveis pelo teclado*

Ao criar componentes interactivos com JavaScript, é importante garantir que estes são navegáveis e operáveis apenas com um teclado. Esta consideração é crucial para os utilizadores que não podem utilizar um rato devido a deficiências físicas. Gerir corretamente o foco, assegurar a ordem dos separadores e fornecer atalhos de teclado pode melhorar significativamente a acessibilidade.

2.2.7 *Testar a acessibilidade com tecnologias de apoio*

Por último, testar os sítios Web com leitores de ecrã, navegação apenas com teclado e outras tecnologias de assistência é crucial para identificar e resolver os obstáculos à acessibilidade. Ferramentas como a WAVE (Web Accessibility Evaluation Tool) ou a extensão do browser AXE podem ajudar os programadores a avaliar a acessibilidade do seu conteúdo Web e a identificar áreas a melhorar.

Garantir a acessibilidade em HTML5 é um processo contínuo que requer atenção aos detalhes e um compromisso com os princípios de design inclusivo. Ao adotar estas estratégias, os programadores podem criar experiências Web mais acessíveis a um maior número de utilizadores, concretizando o potencial da Web como um recurso universalmente acessível.

2.3 Novos elementos e atributos de formulários para experiências interactivas

O HTML5 introduziu vários novos elementos e atributos de formulário que melhoram o desenvolvimento de experiências Web mais interactivas e fáceis de utilizar. Estas adições facilitam aos programadores Web a recolha de informações dos utilizadores, oferecendo uma melhor acessibilidade, validação e controlo das entradas de formulário. Esta evolução nos elementos e atributos do formulário permite a criação de interfaces de utilizador mais intuitivas e eficientes, reduzindo a necessidade de JavaScript extensivo ou de bibliotecas de terceiros. De seguida, apresentamos alguns dos principais elementos e atributos de formulários novos introduzidos pelo HTML5.

2.3.1 *Novos tipos de entrada*

O HTML5 expande o elemento `<input>` com vários tipos novos que fornecem controlos mais específicos para a introdução de dados pelo utilizador:

- `email`: Facilita a introdução de um endereço de correio eletrónico, com validação incorporada para garantir que a entrada corresponde ao formato de um endereço de correio eletrónico.
- `url`: Semelhante ao `e-mail`, mas para endereços de sítios Web, garantindo que a entrada corresponde ao formato de um URL.
- `data`, `hora`, `data-hora-local`, `mês` e `semana`: Estes tipos de entrada oferecem aos utilizadores uma forma conveniente de introduzir datas e horas, com controlos interactivos, como os selectores de datas, diretamente integrados no browser.
- `número`: Permite a introdução de dados numéricos, com atributos para especificar os valores mínimo, máximo e de passo.
- `intervalo`: Apresenta uma interface deslizante para selecionar um valor dentro de um intervalo especificado.
- `color`: Fornece um seletor de cores que permite aos utilizadores selecionar uma cor.

2.3.2 *Novos atributos*

O HTML5 também introduz atributos que melhoram a funcionalidade do formulário e a experiência do utilizador:

- `marcador de posição`: Mostra uma sugestão ou um valor de exemplo dentro de um campo de entrada, que desaparece quando o utilizador começa a escrever. Este atributo é útil para fornecer pistas sobre o formato ou conteúdo de entrada esperado.
- `obrigatório`: Marca um campo de formulário como obrigatório, impedindo a submissão do formulário até que o utilizador tenha preenchido o campo.
- `autocompletar`: Ativa ou desactiva a funcionalidade de preenchimento automático do browser, ajudando os utilizadores a preencher formulários com base em entradas anteriores.

- `foco automático`: Foca automaticamente um determinado campo do formulário quando a página é carregada, melhorando a experiência do utilizador ao orientá-lo sobre onde começar a preencher o formulário.
- `padrão`: Define uma expressão regular que o valor do campo de entrada deve corresponder para que o formulário seja submetido. Isto é útil para validação personalizada, como requisitos de formatação específicos.

2.3.3 *Novos elementos*

O HTML5 introduz novos elementos que melhoram ainda mais os formulários:

- `<datalista>`: Funciona com um elemento `<input>` para fornecer um recurso de "preenchimento automático". Os utilizadores podem escolher a partir de uma lista predefinida de opções ou introduzir um valor personalizado.
- `<output>`: Representa o resultado de um cálculo ou de uma ação do utilizador, apresentando valores dinâmicos baseados nas entradas do utilizador ou em cálculos dentro do formulário.
- `<progress>` e `<meter>`: Estes elementos apresentam barras de progresso e ecrãs semelhantes a medidores, respetivamente, que são úteis para mostrar o estado de conclusão de uma tarefa ou o valor de uma medida dentro de um intervalo predefinido.

Estes novos elementos e atributos de formulários oferecem vantagens significativas para a criação de experiências interactivas na Web. Não só melhoram a funcionalidade e a acessibilidade dos formulários Web, como também melhoram a experiência geral do utilizador, tornando as interações Web mais intuitivas e eficientes. Ao tirar partido destas caraterísticas do HTML5, os programadores podem criar formulários mais cativantes e fáceis de utilizar, contribuindo para percursos do utilizador mais suaves e interactivos na Web.

2.4 Integração de áudio e vídeo sem plug-ins externos

A integração de conteúdos de áudio e vídeo em páginas Web tem dependido tradicionalmente de plugins externos e de software de terceiros. No entanto, com o advento do HTML5, os programadores Web podem agora integrar áudio e vídeo diretamente nas páginas Web sem necessidade de plugins externos, simplificando o processo e melhorando a experiência do utilizador. Esta capacidade constitui um avanço significativo na conceção da Web, oferecendo maior acessibilidade, controlo e flexibilidade na forma como o conteúdo multimédia é fornecido e interagido na Web.

2.4.1 *Integração de áudio com HTML5*

O elemento **<audio>** do HTML5 permite aos programadores incorporar conteúdo sonoro diretamente nas páginas Web. Este elemento suporta vários formatos de áudio, como MP3, WAV e OGG, garantindo a compatibilidade entre diferentes navegadores e dispositivos. A sintaxe básica para incorporar um ficheiro de áudio é simples:

```
<controlos de áudio>
  <source src="audiofile.mp3" type="audio/mp3">
  <source src="audiofile.ogg" type="audio/ogg">
  O seu browser não suporta o elemento áudio.
</audio>
```

O atributo **de controlos** adiciona controlos básicos de reprodução, tais como reprodução, pausa e ajuste de volume, diretamente no browser. Os programadores podem personalizar ainda mais o aspeto e a funcionalidade do leitor de áudio utilizando JavaScript e CSS, melhorando a experiência do utilizador.

2.4.2 *Integração de vídeo com HTML5*

Da mesma forma, o elemento **<video>** torna a incorporação de conteúdo de vídeo perfeita. Ele suporta vários formatos de vídeo, incluindo MP4, WebM e OGV, atendendo a diferentes compatibilidades de navegador. O elemento **<video>** também permite a inclusão de legendas, legendas e várias fontes de vídeo para garantir a acessibilidade e a navegação fácil para o utilizador. A sintaxe básica para a integração de um vídeo é a seguinte:

```
<video controls width="250">
  <source src="videofile.mp4" type="video/mp4">
  <source src="videofile.webm" type="video/webm">
  O seu browser não suporta a etiqueta de vídeo.
</vídeo>
```

O atributo `controls` adiciona de forma semelhante controlos de reprodução, enquanto atributos como `width` e `height` ajudam a definir as dimensões do vídeo. As funcionalidades avançadas, como a reprodução automática, o loop e o silêncio, podem ser facilmente implementadas, embora a sua utilização deva ser cuidadosamente considerada para manter uma experiência de utilizador positiva e cumprir as normas da Web e as diretrizes de acessibilidade.

2.4.3 *Benefícios e melhores práticas*

A integração de conteúdos de áudio e vídeo sem plug-ins externos oferece inúmeras vantagens, incluindo tempos de carregamento de página reduzidos, maior acessibilidade e uma experiência de utilizador mais fluida. Também alivia os riscos de segurança associados a plug-ins de terceiros e garante que o conteúdo é acessível em dispositivos onde os plug-ins podem não ser suportados, como smartphones e tablets.

No entanto, para tirar o máximo partido destas vantagens, os programadores devem seguir as melhores práticas, tais como:

- Fornecimento de vários formatos de fonte para garantir a compatibilidade entre navegadores.
- Utilizar o atributo de `pré-carregamento` de forma criteriosa para equilibrar tempos de carregamento mais rápidos e uma utilização eficiente dos dados.
- Incluindo conteúdo de recurso para os navegadores que não suportam elementos de áudio e vídeo HTML5.
- Assegurar que as funcionalidades de reprodução automática não prejudiquem a experiência do utilizador, especialmente em contextos em que a reprodução inesperada de áudio ou vídeo possa ser intrusiva.

Ao integrar conteúdos de áudio e vídeo diretamente nas páginas Web utilizando HTML5, os programadores podem criar experiências Web mais ricas e envolventes, acessíveis e agradáveis para todos os utilizadores, marcando um avanço significativo na conceção Web e na distribuição de conteúdos.

CHAPTER 3: Dominar o CSS3 para um design reativo

3.1 Principais caraterísticas do CSS3 para layouts responsivos

O CSS3 desempenha um papel crucial na criação de designs responsivos, oferecendo um conjunto de funcionalidades que permitem que as páginas Web se adaptem perfeitamente a diferentes dispositivos e tamanhos de ecrã. Estas caraterísticas essenciais incluem consultas multimédia, disposição em caixa flexível (Flexbox), disposição em grelha e outras que, em conjunto, fornecem as ferramentas necessárias para desenvolver interfaces Web fluidas, adaptáveis e modernas, como se mostra na **Figura 3- 1**. Esta secção analisa as principais caraterísticas do CSS3 que são fundamentais para a criação de layouts responsivos.

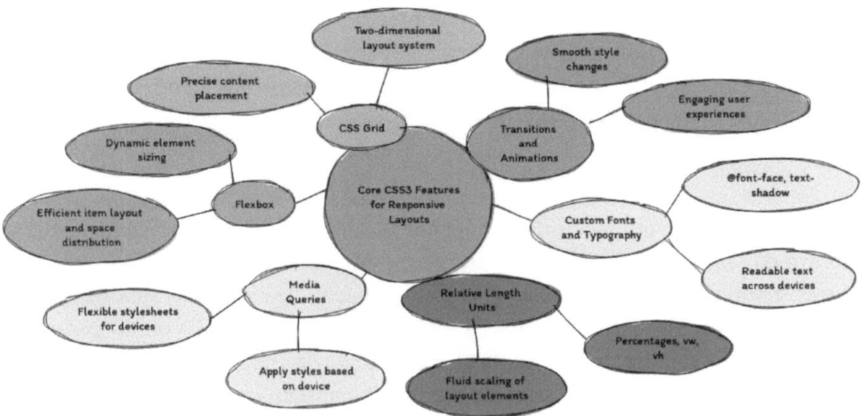

Figura 3- 1. As principais caraterísticas do CSS3 essenciais para criar layouts responsivos

3.1.1 *Consultas multimédia*

As consultas multimédia são a pedra angular do design responsivo, permitindo aos programadores aplicar estilos CSS com base nas caraterísticas do dispositivo, como a largura, altura, orientação e resolução. Ao utilizar consultas multimédia, é possível criar folhas de estilo distintas para diferentes cenários de visualização, garantindo que o sítio Web é apresentado de forma óptima em dispositivos que vão desde telemóveis a grandes monitores de secretária. Esta flexibilidade é fundamental para lidar com a diversidade de dispositivos que os utilizadores utilizam para aceder ao conteúdo da Web.

3.1.2 *Estrutura de caixa flexível (Flexbox)*

A disposição Flexbox proporciona uma forma mais eficiente de dispor, alinhar e distribuir espaço entre itens num contentor, mesmo quando o seu tamanho é desconhecido ou dinâmico. O Flexbox permite uma disposição fluida e intuitiva dos elementos, o que o torna ideal para a criação de designs reactivos. A sua capacidade de ajustar a largura e a altura dos elementos para preencher o espaço disponível ou distribuir o espaço entre elementos torna-o uma ferramenta poderosa para o desenvolvimento de interfaces Web adaptáveis.

3.1.3 *Layout de grelha CSS*

O CSS Grid Layout oferece um sistema de layout bidimensional baseado em grelha, permitindo layouts mais complexos e criativos em comparação com o Flexbox. Com a grelha, os programadores podem definir colunas e linhas no seu esquema, colocando e alinhando o conteúdo dentro desta grelha de forma dinâmica. Permite uma disposição mais precisa e flexível dos elementos Web, facilitando a criação de designs responsivos complexos que se adaptam a vários tamanhos de ecrã sem depender de estruturas externas.

3.1.4 *Unidades de comprimento relativo*

O CSS3 introduz unidades de comprimento relativo, como percentagens (`%`), largura da janela de visualização (`vw`), altura da janela de visualização (`vh`), entre outras. Estas unidades são essenciais para a criação de esquemas fluidos que são dimensionados com base no tamanho da janela de visualização ou do contentor. Ao utilizar unidades relativas, os elementos da página podem ajustar-se dinamicamente, garantindo que a disposição se mantém consistente e harmoniosa em diferentes dispositivos.

3.1.5 *Transições e animações*

As transições e animações melhoram a interatividade e o atrativo visual dos designs responsivos. As transições CSS3 permitem alterações suaves de uma configuração de estilo CSS para outra, enquanto as animações permitem sequências mais complexas de alterações de estilo. Estas funcionalidades podem ser utilizadas para criar experiências de utilizador envolventes que respondem às interações do utilizador e se adaptam a diferentes dispositivos, contribuindo para um ambiente Web mais dinâmico e reativo.

3.1.6 *Tipos de letra e tipografia personalizados*

O CSS3 facilita a utilização de tipos de letra personalizados e o controlo da tipografia com propriedades como **`@font-face`**, **`text-shadow`** e **`font-weight`**. Esta flexibilidade garante que o texto é legível e esteticamente agradável em todos os dispositivos, um aspeto essencial do design reativo. A tipografia pode ser ajustada para diferentes tamanhos de ecrã, melhorando a legibilidade e melhorando a experiência geral do utilizador.

A incorporação destas caraterísticas essenciais do CSS3 nas práticas de desenvolvimento Web permite que os designers e programadores criem layouts responsivos que são visualmente apelativos, fáceis de utilizar e adaptáveis a qualquer tamanho de ecrã. Ao dominar o CSS3, os profissionais podem ultrapassar os limites do web design, criando experiências que não só são funcionais, mas também envolventes e acessíveis a um vasto público.

3.2 Selectores avançados e pseudo-classes

O CSS3 enriquece a caixa de ferramentas dos web designers e programadores com selectores avançados e pseudo-classes, permitindo um estilo mais preciso e estados de interação sem a necessidade de classes adicionais ou JavaScript. Estes selectores e pseudo-classes avançados aumentam a capacidade de direcionar elementos com base nos seus atributos, na relação com outros elementos ou no estado, permitindo assim designs mais dinâmicos e responsivos. Esta secção explora alguns dos selectores avançados e pseudo-classes em CSS3 que são particularmente úteis na criação de layouts responsivos.

3.2.1 *Selectores de atributos*

O CSS3 expande as possibilidades dos selectores de atributos, permitindo uma segmentação mais específica com base nos atributos do elemento. Por exemplo, o seletor **`[attribute^="value"]`** visa elementos cujo atributo especificado começa com um determinado valor, enquanto **`[attribute$="value"]`** visa aqueles cujo atributo termina com um determinado valor. Estes selectores são valiosos para a aplicação de estilos a elementos com base nos seus atributos de dados, idioma ou outras propriedades, melhorando a adaptabilidade dos designs Web a vários conteúdos e contextos.

3.2.2 *Pseudo-classes estruturais*

As pseudo-classes estruturais permitem que os programadores seleccionem elementos com base na sua posição na estrutura do documento. As pseudo-classes `:nth-child()`, `:nth-last-child()`, `:first-of-type` e `:last-of-type` são exemplos que permitem controlar o estilo dos elementos com base na sua ordem ou tipo dentro do seu contentor principal. Esta capacidade é crucial para projectos responsivos, em que a disposição pode mudar e é necessário aplicar estilos diferentes para manter a hierarquia visual e a legibilidade entre dispositivos.

3.2.3 *Pseudo-elementos*

Pseudo-elementos como `::before` e `::after` criam elementos virtuais que podem ser estilizados e posicionados, oferecendo flexibilidade adicional no design sem alterar a estrutura HTML. Estes pseudo-elementos são amplamente utilizados para fins decorativos, injeção de conteúdo e criação de formas ou disposições complexas, contribuindo para designs mais envolventes e dinâmicos que respondem à interação do utilizador.

3.2.4 *Pseudo-classes para a interação com o utilizador*

As CSS3 introduzem pseudo-classes que reflectem o estado de interação do utilizador com um elemento. As pseudo-classes `:hover`, `:focus`, `:active` e `:checked` são particularmente úteis para melhorar a experiência do utilizador, fornecendo feedback visual sobre elementos interactivos. A aplicação de estilos distintos com base nestes estados de interação pode melhorar a usabilidade e a acessibilidade das interfaces Web, tornando-as mais intuitivas e sensíveis às acções do utilizador.

3.2.5 *Pseudo-classe de negação*

A pseudo-classe `:not()` representa elementos que não correspondem a uma lista de selectores. Fornece uma forma poderosa de excluir determinados elementos de serem estilizados, oferecendo maior especificidade e flexibilidade nas regras CSS. Esta pseudo-classe é útil na criação de designs responsivos que requerem estilos diferentes para vários elementos em condições específicas.

3.2.6 *Pseudo-classes de destino e de validade*

A pseudo-classe `:target` aplica estilos a um elemento que corresponde ao identificador no fragmento do URL. Entretanto, pseudo-classes como `:valid`, `:invalid` e `:required` oferecem formas de estilizar elementos de formulário com base no seu estado de validade. Estes selectores são úteis para fornecer feedback em tempo real aos utilizadores, melhorando a interatividade e a capacidade de resposta dos formulários Web e da navegação.

Ao tirar partido destes selectores e pseudo-classes avançados, os programadores Web podem criar designs mais sofisticados e responsivos com um código mais limpo e um maior controlo estilístico. Estas caraterísticas do CSS3 permitem um estilo dinâmico baseado na estrutura do documento, na interação do utilizador e nos estados dos elementos, facilitando o desenvolvimento de experiências Web ricas, interactivas e adaptáveis.

3.3 Implementando fontes personalizadas com @font-face

A introdução da regra `@font-face` no CSS3 revolucionou a forma como os web designers implementam tipos de letra personalizados, libertando-se das limitações de depender apenas de tipos de letra seguros para a Web. Esta funcionalidade permite a inclusão de tipos de letra únicos e personalizados em designs da Web, possibilitando uma gama mais alargada de escolhas tipográficas que melhoram a marca, a legibilidade e o apelo estético geral. A implementação de fontes personalizadas com `@font-face` é um processo simples, mas requer atenção aos detalhes para garantir a compatibilidade entre navegadores e tempos de carregamento ideais. Esta secção descreve os passos e considerações para integrar eficazmente tipos de letra personalizados em designs responsivos utilizando a regra `@font-face`.

3.3.1 *Implementação básica de @font-face*

Para utilizar um tipo de letra personalizado numa página Web, primeiro, defina-o utilizando a regra `@font-face` no seu ficheiro CSS. Esta regra especifica o nome do tipo de letra, a localização do(s) ficheiro(s) do tipo de letra e outras propriedades do tipo de letra. A sintaxe básica para `@font-face` é a seguinte:

```
@font-face {
  família de fontes: 'MyCustomFont';
  src: url('path/to/font-file.woff') format('woff'),
       url('path/to/font-file.ttf') format('truetype');
  peso da fonte: normal;
```

```
  estilo de fonte: normal;

}
```

Neste exemplo, `font-family` atribui um nome ao tipo de letra personalizado, que será utilizado noutras regras CSS para aplicar o tipo de letra a elementos específicos. A propriedade `src` especifica o caminho para o ficheiro do tipo de letra e o valor `format` ajuda o browser a identificar o formato do tipo de letra. A inclusão de vários formatos de tipo de letra garante uma maior compatibilidade com diferentes browsers.

3.3.2 *Formatos de letra e compatibilidade com o browser*

Para uma compatibilidade máxima, é aconselhável incluir vários formatos de letra. Os formatos mais utilizados são:

- WOFF (Web Open Font Format): Altamente comprimido, tornando-o adequado para utilização na Web e suportado pela maioria dos browsers modernos.
- WOFF2: Uma versão melhorada do WOFF que oferece melhor compressão e desempenho.
- TTF (Tipo de letra TrueType) e OTF (Tipo de letra OpenType): Suportadas por browsers mais antigos, mas não tão comprimidas como as WOFF/WOFF2.

3.3.3 *Desempenho do carregamento de fontes*

O carregamento de tipos de letra pode afetar o desempenho de um sítio Web, especialmente em ligações mais lentas. Para atenuar este problema, considere o seguinte:

- Utilizar a apresentação do tipo de letra: Esta funcionalidade CSS controla a forma como um tipo de letra é apresentado com base no facto de ter sido descarregado e estar pronto a ser utilizado. Por exemplo, `font-display: swap;` garante que o texto é imediatamente apresentado com um tipo de letra de recurso se o tipo de letra personalizado ainda não estiver carregado.
- Limitar os pesos e estilos dos tipos de letra: Inclua apenas os estilos e pesos dos tipos de letra que são efetivamente utilizados no sítio para evitar o carregamento desnecessário de ficheiros de tipos de letra não utilizados.

- Utilizar tipos de letra variáveis: Se aplicável, as fontes variáveis permitem que múltiplas variações de uma fonte estejam contidas num único ficheiro, reduzindo o número de ficheiros de fontes necessários.

3.3.4 *Acessibilidade e fontes alternativas*

Especifique sempre pilhas de tipos de letra de recurso caso o tipo de letra personalizado não seja carregado ou não seja suportado pelo browser do utilizador. Isto garante que o texto permanece legível e que o esquema é preservado:

```
corpo {
  família de caracteres: 'MyCustomFont', Arial, sans-serif;
}
```

Neste exemplo, se 'MyCustomFont' não estiver disponível, o browser tentará Arial a seguir e, se esta não estiver disponível, utilizará por defeito a fonte genérica sans-serif.

A implementação de tipos de letra personalizados com `@font-face` melhora o design visual e a experiência do utilizador dos sítios Web, permitindo uma tipografia mais expressiva. Ao seguir as melhores práticas para a seleção de tipos de letra, inclusão de formatos e otimização do desempenho, os web designers e programadores podem garantir que os tipos de letra personalizados enriquecem os designs da Web sem sacrificar o desempenho ou a acessibilidade.

3.4 Melhorias com sombras, gradientes e transições

O CSS3 apresenta várias funcionalidades que permitem aos designers melhorar as interfaces Web com profundidade visual, cores vibrantes e interações dinâmicas sem depender de gráficos pesados ou de plug-ins de terceiros. Sombras, gradientes e transições estão entre estas ferramentas poderosas, cada uma adicionando uma camada de sofisticação e interatividade aos designs Web. Ao incorporar estes elementos, os programadores podem criar sítios Web mais cativantes e visualmente apelativos que se destacam no panorama digital. Esta secção explora a forma de tirar partido de sombras, gradientes e transições para melhorar a experiência do utilizador em designs Web com capacidade de resposta.

3.4.1 *Caixa de sombras*

A propriedade `box-shadow` adiciona efeitos de sombra à moldura de um elemento, oferecendo uma forma de criar profundidade e ênfase na página. Esta propriedade pode assumir vários valores para ajustar a cor da sombra, o raio de desfocagem, o raio de propagação e a posição, permitindo uma gama de efeitos, desde brilhos subtis a sombras fortes e distintas.

```
.caixa {

  sombra da caixa: 10px 10px 20px rgba(0,0,0,0,0.2);

}
```

Este exemplo aplica uma sombra que se move 10 pixels para a direita e 10 pixels para baixo do elemento, com um raio de desfocagem de 20 pixels para um efeito de sombra suave, e utiliza valores de cor RGBA para adicionar transparência.

3.4.2 *Gradientes CSS*

Os gradientes em CSS3 criam transições suaves entre duas ou mais cores especificadas, permitindo a criação de fundos e elementos ricos e vibrantes. Os gradientes podem ser lineares ou radiais:

- Os gradientes lineares (`linear-gradient()`) fazem a transição de cores ao longo de uma linha reta.
- Os gradientes radiais (`radial-gradient()`) fazem a transição de cores de um único ponto para o exterior numa forma circular ou elíptica.

```
.fundo {

  fundo: linear-gradient(to right, #ff7e5f, #feb47b);

}
```

Este exemplo cria um gradiente de fundo que transita suavemente de uma cor para outra, movendo-se da esquerda para a direita.

3.4.3 *Transições*

As transições CSS3 permitem a alteração suave dos valores das propriedades ao longo de uma duração especificada, melhorando a interatividade dos elementos Web com animações que são activadas ao passar o cursor, ao focar ou a outras interações do utilizador.

```
.botão {
  cor de fundo: #ff7e5f;
  transição: cor de fundo 0,5s facilidade;
}

.botão:hover {
  cor de fundo: #feb47b;
}
```

Neste exemplo, passar o rato sobre um botão altera a sua cor de fundo, com a propriedade de transição a garantir que esta alteração de cor ocorre suavemente ao longo de meio segundo. A função de temporização de `facilidade` faz com que a transição comece lentamente, depois acelere e, por fim, abrande novamente.

A integração de sombras, gradientes e transições em designs Web dá um toque dinâmico e texturado às interfaces de utilizador, melhorando a qualidade estética e o envolvimento do utilizador sem comprometer os tempos de carregamento ou a capacidade de resposta. Estas caraterísticas do CSS3 fornecem um poderoso conjunto de ferramentas para os designers que procuram criar experiências Web modernas e sofisticadas que respondem às interações do utilizador e se adaptam a diferentes tamanhos de ecrã e dispositivos. Ao dominar estas melhorias, os programadores podem melhorar significativamente a atração visual e a interatividade dos seus projectos responsivos.

4.1 Compreender o conceito de grelha fluida

O conceito de grelha fluida é fundamental para o design Web responsivo, oferecendo uma estrutura flexível que se adapta ao tamanho do ecrã do dispositivo de visualização. Ao contrário dos esquemas tradicionais de largura fixa, que utilizam medidas estáticas (como píxeis) para larguras e margens, as grelhas fluidas são construídas utilizando unidades relativas, como percentagens. Esta abordagem garante que o esquema pode esticar ou encolher para se adaptar ao ecrã em que é apresentado, desde os smartphones mais pequenos aos maiores monitores de secretária. A compreensão e a implementação de grelhas fluidas são cruciais para a criação de Web designs que proporcionem uma experiência de visualização óptima numa grande variedade de dispositivos. Esta secção explora os princípios das grelhas fluidas e a sua importância no design Web responsivo.

4.1.1 *Princípios das grelhas de fluidos*

As grelhas fluidas baseiam-se em alguns princípios-chave que as diferenciam das disposições fixas:

- **Dimensionamento relativo**: Os elementos numa grelha fluida são dimensionados em unidades relativas (como percentagens) em vez de unidades absolutas (como pixéis). Este dimensionamento relativo permite que os elementos cresçam ou diminuam proporcionalmente ao resto da disposição, garantindo consistência no espaçamento relativo e na hierarquia do design.
- **Colunas flexíveis**: O esquema está dividido numa série de colunas, mas o número de colunas pode permanecer o mesmo, independentemente do tamanho do ecrã. A largura de cada coluna ajusta-se de acordo com a largura do ecrã, mantendo a integridade do design sem necessidade de deslocação horizontal.
- **Largura máxima e largura mínima**: Embora as grelhas fluidas sejam concebidas para serem flexíveis, a definição de larguras máximas e mínimas para os contentores garante que o conteúdo permanece legível e esteticamente agradável em todos os dispositivos. Isto evita que os layouts fiquem demasiado esticados em ecrãs grandes ou demasiado apertados em ecrãs pequenos.

4.1.2 *Implementação de grelhas fluidas*

Para implementar uma grelha fluida, os designers e programadores começam por dividir a apresentação num sistema de grelha. Este sistema é frequentemente baseado numa série de colunas e a largura destas colunas é definida como uma percentagem do contentor ou da janela de visualização, em vez de uma medida fixa. Por exemplo, se uma apresentação tiver uma estrutura de três colunas, cada coluna pode ser definida para ocupar 33,333% da largura do contentor. As margens e o preenchimento também são definidos utilizando unidades relativas, garantindo que o espaçamento entre elementos é dimensionado de forma adequada.

As estruturas CSS, como Bootstrap e Foundation, oferecem sistemas de grelha fluida pré-concebidos que podem acelerar significativamente o processo de desenvolvimento. Essas estruturas fornecem um conjunto de classes CSS que podem ser aplicadas a elementos HTML para criar layouts responsivos com base em grades fluidas. No entanto, é essencial compreender os princípios subjacentes às grelhas fluidas para personalizar e alargar estas estruturas de forma eficaz.

4.1.3 *Desafios e considerações*

Embora as grelhas fluidas sejam poderosas, também apresentam alguns desafios:

- **Legibilidade do conteúdo**: À medida que a grelha é dimensionada, os blocos de texto podem ficar demasiado largos ou demasiado estreitos, afectando a legibilidade. As consultas multimédia e o dimensionamento flexível do texto podem ajudar a resolver este problema.
- **Elementos aninhados**: A gestão de elementos aninhados numa grelha fluida requer um planeamento cuidadoso para garantir que são dimensionados corretamente e mantêm as proporções pretendidas.
- **Compatibilidade entre navegadores**: Os testes entre navegadores são cruciais para garantir que a grelha fluida se comporta como esperado, uma vez que as diferenças na renderização podem afetar o esquema.

Em conclusão, o conceito de grelha fluida é um elemento fundamental do Web design responsivo, permitindo que os Web sites se adaptem ao vasto panorama de dispositivos e tamanhos de ecrã. Ao utilizar o dimensionamento relativo, colunas flexíveis e um planeamento cuidadoso, os designers e programadores podem criar esquemas visualmente apelativos e fáceis de utilizar, garantindo uma experiência óptima para todos os utilizadores.

4.2 Criar layouts flexíveis com CSS Grid

O CSS Grid Layout representa uma mudança de paradigma no design da Web, fornecendo um poderoso sistema de layout bidimensional baseado em grade que permite aos desenvolvedores criar layouts complexos e responsivos mais facilmente e com um código mais limpo. Este sistema oferece um controlo sem paralelo sobre a disposição visual dos elementos numa página Web, simplificando a conceção de layouts que se adaptam de forma fluida a diferentes tamanhos de ecrã. A grelha CSS permite que o alinhamento horizontal e vertical dos elementos seja manipulado com precisão, permitindo a criação de esquemas que eram difíceis ou impossíveis de alcançar com técnicas CSS mais antigas. Esta secção aborda os aspectos essenciais da criação de apresentações flexíveis com a grelha CSS e a sua importância para o Web design responsivo.

4.2.1 *Fundamentos da grelha CSS*

- **Contentor da grelha**: A base de um layout de grelha CSS é o contentor de grelha. Ao declarar `display: grid;` num elemento, este torna-se um contentor de grelha e os seus filhos diretos tornam-se itens de grelha. Este contentor serve como estrutura dentro da qual a disposição da grelha é definida.
- **Traços de grelha**: As linhas e colunas dentro da grelha são conhecidas como faixas de grelha. As propriedades `grid-template-rows` e `grid-template-columns` permitem a definição explícita do tamanho das linhas e colunas, que podem ser especificadas em unidades relativas, como fracções (`fr`), percentagens (`%`), ou mesmo com base no tamanho do conteúdo (`auto`).
- **Itens de grelha**: Os elementos diretamente dentro de um contentor de grelha tornam-se itens de grelha, posicionados dentro da grelha com base na sua ordem no HTML ou conforme definido explicitamente através de CSS. Os itens de grelha podem abranger várias linhas e/ou colunas, proporcionando flexibilidade na forma como o conteúdo é organizado.
- **Áreas de grelha**: Ao nomear regiões específicas da grelha com a propriedade `grid-template-areas`, os programadores podem criar layouts complexos em que os itens da grelha podem ser facilmente colocados em áreas predefinidas, melhorando a legibilidade semântica da estrutura do layout.

4.2.2 *Vantagens da grelha CSS para apresentações flexíveis*

- **Web Design Intrínseco**: A grelha CSS suporta os princípios do web design intrínseco, em que os layouts respondem à natureza do conteúdo e ao tamanho do contentor, conduzindo a designs naturalmente mais reactivos sem a dependência excessiva de media queries.
- **Sobreposição e camadas**: Ao contrário de outros métodos de disposição, a grelha CSS permite a fácil sobreposição e disposição em camadas dos itens da grelha, abrindo possibilidades criativas para elementos de design como cartões, imagens sobrepostas e texto.
- **Alinhamento e justificação**: O controlo abrangente sobre o alinhamento e o espaçamento, incluindo o alinhamento de itens dentro das respectivas áreas de grelha e a justificação de itens ao longo do eixo da linha e da coluna, garante que todos os aspectos da apresentação podem ser ajustados com precisão.

4.2.3 *Implementação de designs responsivos com CSS Grid*

Para tirar partido da grelha CSS para designs reactivos, considere as seguintes práticas:

- **Utilize Unidades fraccionárias e Mínimo**: As unidades fraccionárias (`fr`) permitem a distribuição do espaço no contentor da grelha. A função `minmax()` é particularmente útil para definir tamanhos mínimos e máximos flexíveis para faixas de grelha, garantindo que o conteúdo permanece legível e acessível em todos os dispositivos.
- **Media Queries para grandes alterações de layout**: Embora a grelha CSS reduza a necessidade de utilização extensiva de media queries, estas continuam a ser úteis para implementar grandes alterações de layout em determinados pontos de quebra. Por exemplo, mudar de um layout de coluna única em dispositivos móveis para um layout de várias colunas em ecrãs de desktop.
- **Auto-fit e Auto-fill**: Estas palavras-chave podem ser utilizadas com `grid-template-columns` para criar grelhas responsivas que ajustam automaticamente o número de colunas com base na largura do contentor, simplificando ainda mais a criação de designs responsivos.

A grelha CSS tornou-se uma ferramenta essencial para a criação de layouts flexíveis e responsivos, oferecendo um nível de controlo e precisão que melhora o design e a funcionalidade das páginas Web. Ao compreender e utilizar as capacidades da grelha CSS, os programadores podem enfrentar eficazmente os desafios do design moderno da Web, criando layouts esteticamente agradáveis e altamente adaptáveis ao cenário em constante mudança dos dispositivos e tamanhos de ecrã.

4.3 Alinhar e distribuir com o Flexbox

O CSS Flexible Box Layout, vulgarmente conhecido como Flexbox, proporciona uma forma mais eficiente de dispor, alinhar e distribuir espaço entre itens num contentor, mesmo quando o seu tamanho é desconhecido ou dinâmico. A Flexbox oferece um poderoso conjunto de propriedades para alinhar elementos horizontal e verticalmente com facilidade, o que a torna uma ferramenta inestimável para a conceção de layouts web responsivos. A sua flexibilidade e simplicidade tornaram-no um favorito entre os programadores Web para a criação de apresentações complexas que necessitam de se adaptar a diferentes tamanhos de ecrã. Esta secção explora a forma como o Flexbox pode ser utilizado para obter um alinhamento e distribuição precisos dos elementos numa estrutura de design responsivo.

4.3.1 *Fundamentos do Flexbox*

A Flexbox funciona num contentor e nos seus elementos filhos, em que o contentor se torna um contentor flexível e os elementos filhos se tornam itens flexíveis. Ao aplicar `display: flex;` ou `display: inline-flex;` a um contentor, os programadores podem começar a utilizar o modelo Flexbox para esse elemento e os seus filhos diretos.

4.3.2 *Alinhamento horizontal e vertical*

Uma das principais vantagens do Flexbox é a sua abordagem direta ao alinhamento de itens ao longo dos eixos principal e transversal:

- **justify-content**: Esta propriedade alinha os itens flexíveis ao longo do eixo principal (horizontalmente para uma linha, verticalmente para uma coluna). Ela oferece vários valores, como `flex-start,` `flex-end`, `center`, `space-between`, `space-around` e `space-evenly`, permitindo que os desenvolvedores controlem o espaçamento e o alinhamento dos itens flex dentro do container.
- **alinhar-itens**: Esta propriedade alinha os itens ao longo do eixo transversal (perpendicular ao eixo principal). É particularmente útil para alinhamento

vertical numa linha ou alinhamento horizontal numa coluna, com valores como `flex-start`, `flex-end`, `center`, `baseline` e `stretch`.

4.3.3 *Alinhamento de itens individuais*

Enquanto o `justify-content` e o `align-items` fornecem controlo de alinhamento ao nível do contentor, o Flexbox também oferece `o align-self` para itens flexíveis individuais. Esta propriedade permite a substituição do valor `align-items` do contentor para itens específicos, oferecendo um controlo ainda mais preciso sobre o alinhamento dos elementos.

4.3.4 *Distribuir espaço com imóveis flexíveis*

A Flexbox introduz propriedades para itens flexíveis que controlam a forma como crescem ou diminuem em relação uns aos outros:

- **flex-grow**: Determina o quanto um flex item irá crescer em relação ao resto dos flex items no flex container quando o espaço livre positivo é distribuído.
- **flex-shrink**: Define como um item flex encolherá em relação ao resto dos itens flex no contentor flex quando não houver espaço suficiente.
- **flex-basis**: Define o tamanho inicial de um item flex antes de o espaço restante ser distribuído de acordo com os factores flex-grow e flex-shrink.

A propriedade abreviada `flex` combina `flex-grow`, `flex-shrink` e `flex-basis`, simplificando o processo de definição de esquemas flexíveis.

4.3.5 *Criar layouts responsivos com Flexbox*

As capacidades de alinhamento e distribuição de espaço do Flexbox são particularmente benéficas no design responsivo, em que os layouts têm de se adaptar a vários tamanhos de ecrã. Por exemplo, os programadores podem utilizar o Flexbox para criar uma linha de caixas uniformemente espaçadas num ecrã de computador, mas empilhadas verticalmente num dispositivo móvel, tudo isto sem alterar a estrutura HTML. Ao ajustar as propriedades do Flexbox em conjunto com as consultas multimédia, os designers podem criar layouts intuitivos e adaptáveis que proporcionam experiências de utilizador óptimas em todos os dispositivos.

Em conclusão, a Flexbox oferece um conjunto robusto de ferramentas para alinhar e distribuir elementos dentro de um contentor, simplificando a criação de layouts complexos e responsivos. A sua capacidade de alinhar facilmente itens na horizontal e na vertical, combinada com poderosas propriedades de distribuição de espaço, faz do Flexbox uma parte essencial do conjunto de ferramentas de qualquer programador Web para conceber páginas Web flexíveis e com capacidade de resposta.

4.4 Criando padrões de layout complexos

A evolução da grelha CSS e da Flexbox permitiu aos web designers e programadores criar padrões de disposição complexos com facilidade e precisão. Estas técnicas de disposição modernas fornecem as ferramentas necessárias para implementar concepções complexas que antes eram difíceis ou incómodas de realizar. Aproveitando os pontos fortes do CSS Grid e do Flexbox, os profissionais podem criar layouts responsivos, adaptáveis e visualmente atraentes que atendem às demandas dos diversos ambientes da Web atuais. Esta secção explora estratégias para utilizar a grelha CSS e a Flexbox para desenvolver padrões de disposição complexos para o Web design responsivo.

4.4.1 *Integração de CSS Grid e Flexbox*

A grelha CSS é excelente na estruturação da disposição geral da página, oferecendo um sistema de grelha bidimensional que pode gerir colunas e linhas com um controlo fino. O Flexbox complementa este sistema, gerindo o alinhamento e a distribuição de itens dentro de um contentor, perfeito para esquemas unidimensionais em que o foco está nas linhas ou nas colunas. Ao integrar a grelha CSS para a disposição macro e a Flexbox para os componentes da disposição micro, os programadores podem enfrentar uma vasta gama de desafios de design.

4.4.2 *Criar layouts responsivos de várias colunas*

Os layouts de várias colunas, essenciais para sites ricos em conteúdo, como portais de notícias e blogs, podem ser implementados de forma eficiente usando CSS Grid. A capacidade da grelha para criar e manipular colunas dinamicamente permite layouts que se adaptam com base no conteúdo e no tamanho da janela de visualização. O Flexbox pode então gerir o conteúdo dentro destas colunas, assegurando que o espaçamento e o alinhamento são consistentes e reactivos.

4.4.3 *Desenvolvimento de conteúdos sobrepostos*

A grelha CSS introduz a possibilidade de colocar itens em camadas e sobrepô-los sem posicionamento complexo ou gestão do índice z. Os designers podem colocar elementos na mesma área da grelha e utilizar o z-index para criar efeitos visuais dinâmicos e em camadas. Esta capacidade é particularmente útil para criar secções de heróis envolventes, galerias e elementos interactivos que quebram o fluxo tradicional do documento.

4.4.4 *Implementação de layouts assimétricos*

Os layouts assimétricos oferecem uma rutura com os designs convencionais baseados em grelha, apresentando o conteúdo de uma forma mais dinâmica e envolvente. A grelha CSS permite a criação de layouts assimétricos ao permitir que as colunas e linhas variem em tamanho e posição, dando aos designers a liberdade de experimentar layouts não convencionais que aumentam o interesse visual e guiam o olhar do utilizador através do conteúdo.

4.4.5 *Criar cartões e painéis ricos em funcionalidades*

Os cartões e painéis são componentes básicos das interfaces Web modernas, utilizados para apresentar informações num formato estruturado e digerível. O Flexbox é particularmente adequado para alinhar e distribuir conteúdo dentro destes componentes, assegurando que permanecem flexíveis e reactivos. A grelha CSS pode então ser utilizada para organizar estes cartões ou painéis em disposições complexas, adaptando-se perfeitamente a diferentes tamanhos de ecrã.

4.4.6 *Criar secções de deslocação horizontal*

As secções de deslocamento horizontal podem oferecer uma forma única de apresentar conteúdos, como uma galeria ou uma montra de produtos. Embora seja tradicionalmente difícil de implementar, a Flexbox facilita a conceção de contentores de deslocamento horizontal, definindo a propriedade `flex-wrap` como `nowrap` e controlando o overflow. A grelha CSS pode complementar isto gerindo a disposição fora do contentor de deslocamento ou dentro de cada item na secção de deslocamento.

4.4.7 *Tipografia avançada e fluxo de texto*

A combinação das capacidades de disposição da grelha CSS com as funcionalidades de alinhamento do Flexbox permite disposições tipográficas avançadas, como texto que envolve imagens ou dimensionamento dinâmico de tipos de letra com base no tamanho da janela de visualização. Estas técnicas podem melhorar a legibilidade e o aspeto estético de conteúdos longos, artigos e reportagens.

Na elaboração de padrões de disposição complexos, a combinação da grelha CSS e da Flexbox proporciona um poderoso conjunto de ferramentas que permitem criatividade e precisão. Ao compreender os pontos fortes e as aplicações de cada um, os programadores podem ultrapassar os limites do web design, criando layouts responsivos, adaptáveis e visualmente cativantes que melhoram o envolvimento e a experiência do utilizador em todos os dispositivos.

5.1 Tornar as imagens e os vídeos responsivos

No domínio da conceção responsiva da Web, é fundamental garantir que os elementos multimédia, como imagens e vídeos, se adaptam perfeitamente a vários tamanhos de ecrã. À medida que os utilizadores acedem cada vez mais a conteúdos Web através de uma multiplicidade de dispositivos, desde smartphones a grandes monitores de secretária, a necessidade de suportes flexíveis que mantenham a sua integridade e relevância independentemente do contexto de visualização nunca foi tão crítica. Esta secção explora técnicas e melhores práticas para tornar as imagens e os vídeos responsivos, garantindo que contribuem positivamente para a experiência do utilizador sem comprometer o desempenho.

5.1.1 *Imagens responsivas*

As imagens responsivas adaptam o seu tamanho e resolução com base no ambiente de visualização, garantindo tempos de carregamento rápidos e experiências de visualização óptimas em todos os dispositivos. A implementação de imagens reactivas envolve várias técnicas fundamentais:

- **O atributo srcset**: Este atributo permite que os programadores especifiquem vários ficheiros de imagem para diferentes resoluções de ecrã, permitindo que o browser escolha o mais adequado para carregar com base na densidade de pixels do ecrã.
- **O atributo sizes**: Utilizado em conjunto com `srcset`, `sizes` define um conjunto de condições de media (por exemplo, larguras de ecrã) e indica o tamanho que a imagem ocupará na janela de visualização, permitindo aos navegadores selecionar a fonte de imagem que melhor corresponde aos requisitos de apresentação.
- **Elemento de imagem**: O elemento `<picture>` proporciona ainda mais flexibilidade, permitindo a inclusão de diferentes fontes de imagem para várias condições, não apenas com base no tamanho do ecrã, mas também noutros factores como a orientação da janela de visualização. É particularmente útil para a direção artística, em que diferentes imagens podem ser mais adequadas para diferentes tamanhos ou orientações de ecrã.

5.1.2 *Vídeos responsivos*

Os vídeos representam um desafio único no design responsivo devido às suas proporções de aspeto inerentemente fixas, o que pode levar a problemas de disposição em diferentes tamanhos de ecrã. No entanto, existem várias estratégias que podem garantir que os vídeos permanecem reactivos:

- **Caixas CSS de proporção de aspeto**: Ao criar um contentor com uma percentagem de enchimento superior que corresponde à relação de aspeto do vídeo (por exemplo, 56,25% para um vídeo 16:9) e ao definir o vídeo para preencher este contentor, os programadores podem manter a relação de aspeto do vídeo, independentemente do tamanho do ecrã.
- **Elemento de vídeo HTML5**: O elemento `<video>` suporta técnicas de proporção intrínseca semelhantes às imagens responsivas, permitindo que os vídeos sejam dimensionados naturalmente. A utilização de atributos como `largura`, `altura` e `controlos`, combinada com estilos CSS, pode garantir que os vídeos são redimensionados corretamente.
- **Capacidade de resposta da incorporação**: Para vídeos alojados em plataformas como o YouTube ou o Vimeo, a maioria fornece códigos de incorporação concebidos para serem reactivos. Além disso, envolver o código incorporado num contentor com um rácio de aspeto reativo pode garantir que os vídeos incorporados mantêm o seu rácio de aspeto em todos os dispositivos.

5.1.3 *Considerações sobre o desempenho*

Embora a capacidade de resposta dos ficheiros multimédia garanta a consistência visual entre dispositivos, é também crucial considerar as implicações em termos de desempenho. A otimização dos ficheiros multimédia para a Web - através da compressão, da escolha do formato correto e da utilização do carregamento lento - pode melhorar significativamente a velocidade do site e a experiência do utilizador. Para imagens, ferramentas como o WebP oferecem uma compressão superior com uma perda mínima de qualidade. No caso dos vídeos, o fornecimento de ficheiros de origem em várias resoluções permite que o browser selecione a versão mais adequada, equilibrando a qualidade e os tempos de carregamento.

Em conclusão, a criação de suportes de dados flexíveis é um aspeto essencial da conceção responsiva da Web. Ao utilizar as funcionalidades HTML e CSS para tornar as imagens e os vídeos reactivos, os programadores podem criar experiências Web mais envolventes, acessíveis e com melhor desempenho. À medida que a tecnologia e as normas Web continuam a evoluir, as estratégias de implementação de meios de comunicação reactivos também se adaptarão, sublinhando a importância de se manter atualizado com as melhores práticas de design e desenvolvimento Web.

5.2 Gráficos vectoriais escaláveis (SVG) para independência de resolução

Os Gráficos Vectoriais Escaláveis (SVG) são uma ferramenta poderosa no domínio do web design responsivo, oferecendo independência de resolução, tamanhos de ficheiro pequenos e capacidades extensivas de estilo e animação. Ao contrário das imagens rasterizadas, que podem perder nitidez e tornar-se pixelizadas quando aumentadas, os SVGs mantêm a sua nitidez e detalhe em qualquer tamanho, o que os torna ideais para uma vasta gama de aplicações na Web. Esta secção analisa as vantagens dos SVGs e a forma como podem ser utilizados para obter gráficos independentes da resolução em web design responsivo.

5.2.1 *Compreender o SVG*

O SVG é um formato de imagem baseado em XML que descreve gráficos bidimensionais utilizando formas vectoriais, caminhos, texto e efeitos de filtro. Uma vez que a marcação SVG define as imagens como um conjunto de descrições matemáticas que ditam a forma como a imagem deve ser apresentada, os SVGs podem ser redimensionados para qualquer tamanho sem perda de qualidade. Esta caraterística é particularmente valiosa para designs responsivos, em que os gráficos têm de se adaptar perfeitamente a dispositivos com diferentes tamanhos e resoluções de ecrã.

5.2.2 *Vantagens da utilização de SVG*

- **Independência de resolução**: Os SVGs são apresentados com nitidez tanto em ecrãs de baixa como de alta resolução, o que os torna perfeitos para logótipos, ícones e ilustrações complexas que precisam de ter um aspeto nítido em todos os tamanhos.
- **Pequenos tamanhos de ficheiro**: Os gráficos vectoriais têm frequentemente tamanhos de ficheiro mais pequenos do que as imagens raster de alta resolução, contribuindo para tempos de carregamento de página mais rápidos. Além disso, os SVGs podem ser ainda mais comprimidos e optimizados para a Web.

- **Estilo e animação**: Os SVGs podem ser estilizados e animados utilizando CSS e JavaScript, oferecendo um elevado grau de controlo sobre o aspeto e a interatividade dos gráficos. Esta integração com as tecnologias Web permite experiências Web dinâmicas e cativantes.
- **Acessibilidade**: Os textos em SVGs são selecionáveis e pesquisáveis, ao contrário do que acontece com o texto em imagens raster. Os SVGs corretamente estruturados podem também ser tornados acessíveis aos leitores de ecrã, melhorando a acessibilidade da Web.

5.2.3 *Implementação de SVGs responsivos*

Para garantir que os SVGs são totalmente reactivos, existem várias técnicas que os programadores podem utilizar:

- **Dimensionamento fluido**: Por defeito, os SVGs são escaláveis. Definir a largura e a altura de um SVG como percentagens permite-lhe escalar com base no tamanho do seu contentor, assegurando a sua capacidade de resposta.
- **Viewport e ViewBox**: O atributo `viewBox` define a relação de aspeto do SVG e, quando combinado com o atributo `preserveAspectRatio`, controla a forma como o SVG é dimensionado em diferentes viewports.
- **Consultas multimédia CSS**: As propriedades do SVG podem ser ajustadas utilizando consultas multimédia CSS, permitindo que o gráfico mude de estilo em diferentes pontos de quebra. Isto é útil para alterar o aspeto do SVG ou simplificar os seus detalhes para ecrãs mais pequenos.
- **SVGs em linha**: A incorporação de código SVG diretamente em documentos HTML permite um maior controlo sobre o estilo e a interação. Também elimina a necessidade de pedidos HTTP que seriam necessários para ficheiros externos, melhorando ainda mais o desempenho.

5.2.4 *Casos de utilização de SVG*

Os SVGs são especialmente adequados para:

- **Logótipos e ícones**: A sua escalabilidade garante que os elementos de marca têm um aspeto nítido em todos os ecrãs, desde smartphones a monitores de grandes dimensões.
- **Visualizações de dados**: Os gráficos e quadros criados com SVG são dimensionados sem distorção, mantendo a legibilidade em qualquer tamanho.

- **Gráficos interactivos**: O suporte do SVG para interatividade e animação torna-o ideal para interfaces de utilizador envolventes e ilustrações educativas.

Em suma, os SVGs oferecem uma solução versátil e de fácil desempenho para a criação de gráficos que têm de permanecer nítidos e flexíveis em todos os dispositivos. Ao integrar SVGs em designs responsivos, os programadores podem garantir que os seus visuais não só são de alta qualidade e acessíveis, como também contribuem para o desempenho geral e a experiência do utilizador na Web.

5.3 Técnicas para elementos de media adaptáveis

A adaptação de elementos multimédia (imagens, vídeos e áudio) a diferentes tamanhos e resoluções de ecrã é crucial para a criação de páginas Web responsivas e de carregamento rápido que ofereçam uma experiência de utilizador perfeita em todos os dispositivos. Como o consumo da Web em dispositivos móveis continua a aumentar, a utilização de técnicas para elementos multimédia adaptáveis torna-se cada vez mais importante. Esta secção explora técnicas práticas para tornar o conteúdo multimédia reativo e adaptável a vários contextos de visualização.

5.3.1 *Imagens responsivas*

As imagens responsivas ajustam-se em tamanho com base na janela de visualização para garantir tempos de carregamento óptimos e evitar problemas de disposição. As principais técnicas incluem:

- **Atributos `<img>` `srcset` e sizes**: O atributo `srcset` permite especificar vários ficheiros de imagem para diferentes resoluções ou tamanhos de ecrã, e o atributo `sizes` indica ao browser como selecionar a imagem adequada com base na largura da janela de visualização atual. Esta técnica garante que as imagens mais pequenas são carregadas em dispositivos mais pequenos, melhorando o desempenho.
- **Elemento de imagem**: O elemento `<picture>`, combinado com elementos `<source>`, fornece um controlo mais granular sobre a imagem que é apresentada com base em consultas multimédia. Isto é útil para a direção artística, onde diferentes imagens podem ser mais adequadas para diferentes tamanhos ou orientações de ecrã.

5.3.2 *Vídeos adaptativos*

Os vídeos podem afetar significativamente o tempo de carregamento da página, especialmente em redes móveis. As técnicas adaptativas para vídeo incluem:

- **Contentores de vídeo responsivos**: Envolver vídeos em contentores com um rácio de aspeto fixo pode manter as dimensões do vídeo relativamente à janela de visualização, evitando mudanças de disposição. O CSS pode ser utilizado para tornar estes contentores flexíveis.

- **Vídeo HTML5 com elementos de origem**: Semelhante ao elemento `<picture>` para imagens, o elemento **<video>** pode usar vários elementos `<source>` para servir diferentes ficheiros de vídeo com base na janela de visualização ou nas capacidades do dispositivo. Isso permite a exibição de vídeos de baixa resolução em dispositivos menores ou mais lentos.

- **Plataformas de alojamento de vídeo**: A utilização de serviços de alojamento de vídeo como o YouTube ou o Vimeo, que fornecem automaticamente formatos e resoluções de vídeo optimizados com base no dispositivo do utilizador e na velocidade de ligação, também pode ser uma forma eficiente de gerir a capacidade de resposta do vídeo.

5.3.3 *Imagens de fundo responsivas*

As imagens de fundo podem ser tornadas reactivas utilizando CSS, assegurando que cobrem ou contêm o espaço de fundo de forma adequada:

- **Propriedades de fundo CSS**: A utilização de `background-size: cover;` ou `background-size: contain;` garante que as imagens de fundo são dimensionadas corretamente com a janela de visualização. Em combinação com media queries, podem ser aplicadas imagens ou estilos diferentes consoante o tamanho do ecrã.

5.3.4 *Áudio adaptativo*

Embora os ficheiros de áudio não tenham impacto visual no esquema, a sua otimização para diferentes cenários pode melhorar a experiência do utilizador:

- **Transmissão em fluxo adaptável**: Para sítios que transmitem áudio, as técnicas de transmissão adaptativa podem ajustar a qualidade do áudio em tempo real com base na velocidade de ligação do utilizador, à semelhança da transmissão adaptativa de vídeo.

- **Consultas multimédia para controlos**: As consultas multimédia CSS podem ser utilizadas para ajustar a disposição dos controlos do leitor de áudio, tornando-os maiores e mais acessíveis em ecrãs mais pequenos, ou ocultando determinados elementos que não são tão cruciais em dispositivos móveis.

5.3.5 *Considerações sobre desempenho e acessibilidade*

Ao implementar elementos multimédia adaptativos, é importante ter em conta o desempenho e a acessibilidade:

- **Carregamento lento**: A implementação de carregamento lento para elementos multimédia fora do ecrã pode melhorar significativamente os tempos de carregamento da página, carregando estes elementos apenas quando estão prestes a entrar na janela de visualização.
- **Meios de comunicação acessíveis**: A disponibilização de texto alternativo para imagens, legendas para vídeos e controlos acessíveis para leitores multimédia garante que todos os utilizadores, incluindo os portadores de deficiência, possam aceder e interagir com os conteúdos multimédia.

Ao aplicar estas técnicas para elementos multimédia adaptáveis, os programadores podem garantir que os seus sítios Web não só são reactivos, mas também optimizados para desempenho e acessibilidade. Isto melhora a experiência geral do utilizador, tornando os sítios Web mais agradáveis e acessíveis numa vasta gama de dispositivos e velocidades de ligação.

5.4 Manuseamento de ecrãs Retina e de elevado DPI

O advento dos ecrãs Retina e de outros ecrãs de elevado DPI (pontos por polegada) introduziu o desafio de garantir que o conteúdo multimédia tem um aspeto nítido e claro em todos os ecrãs. Estes ecrãs têm uma densidade de píxeis mais elevada, o que permite obter imagens mais detalhadas e vibrantes, mas também faz com que os suportes de menor resolução pareçam desfocados ou pixelizados. Para resolver este problema, os web designers e os programadores têm de utilizar técnicas que forneçam suportes de maior resolução a dispositivos capazes de os visualizar, garantindo simultaneamente um bom desempenho e compatibilidade com ecrãs normais. Esta secção descreve estratégias para lidar eficazmente com ecrãs Retina e de elevado DPI.

5.4.1 *Compreender os ecrãs Retina e High-DPI*

Retina é um termo criado pela Apple para descrever ecrãs com uma densidade de pixels suficientemente elevada para que o olho humano não consiga distinguir pixels individuais a uma distância de visualização normal. Os ecrãs de elevado DPI são semelhantes, mas são um termo mais geral utilizado em vários dispositivos. Ambos os tipos de ecrãs podem tornar o texto extremamente nítido e fazer com que as imagens pareçam mais detalhadas.

5.4.2 *Servir imagens de alta resolução*

Para garantir que as imagens têm um aspeto nítido em ecrãs de elevado DPI, é necessário apresentar imagens com uma resolução mais elevada. Isto pode ser conseguido através de várias técnicas:

- **Atributo srcset da imagem**: O atributo `srcset` do elemento `<img>` permite definir várias fontes de imagem para diferentes densidades de ecrã. Por exemplo, pode especificar uma imagem 1x para ecrãs padrão e uma imagem 2x para ecrãs de elevado DPI. O browser seleciona automaticamente a imagem mais adequada com base na densidade do ecrã do dispositivo.
- **Imagens de fundo CSS**: Para imagens de fundo definidas em CSS, as consultas multimédia podem detetar ecrãs de alta resolução e apresentar imagens de fundo diferentes em conformidade. Por exemplo, a utilização de `@media only screen and (min-resolution: 2dppx)` permite-lhe especificar imagens de fundo de maior resolução para dispositivos com um rácio de pixéis de 2 ou superior.

5.4.3 *Gráficos vectoriais para independência de resolução*

Os Gráficos Vectoriais Escaláveis (SVG) oferecem uma excelente solução para logótipos, ícones e gráficos simples em ecrãs Retina e de elevado DPI. Uma vez que os SVGs são independentes da resolução, são perfeitamente dimensionados sem perder qualidade, independentemente da densidade do ecrã. A implementação de SVGs em partes do seu design que requerem arestas e formas nítidas garante que os seus elementos visuais permanecem nítidos em todos os ecrãs.

5.4.4 *Otimização do desempenho*

Embora o fornecimento de imagens de alta resolução melhore a qualidade visual em ecrãs Retina e de elevado DPI, também representa um desafio para o desempenho, uma vez que estas imagens têm um tamanho de ficheiro maior. Para atenuar este problema:

- **Otimizar imagens**: Utilize ferramentas de otimização de imagens para comprimir imagens de alta resolução. Isto reduz o tamanho dos ficheiros sem afetar significativamente a qualidade da imagem, equilibrando o compromisso entre clareza e desempenho.
- **Considere a utilização de formatos de compressão de imagem**: Os formatos de imagem modernos, como o WebP, oferecem algoritmos de compressão superiores, proporcionando imagens de alta qualidade com tamanhos de ficheiro mais pequenos em comparação com os formatos tradicionais, como JPEG ou PNG.
- **Carregamento lento**: A implementação do carregamento lento para imagens garante que as imagens de alta resolução só são carregadas quando estão prestes a entrar na janela de visualização, melhorando os tempos de carregamento inicial da página.

5.4.5 *Teste e verificação*

Testar o seu sítio Web em vários dispositivos com diferentes densidades de ecrã é crucial para garantir que o seu conteúdo multimédia tem bom aspeto e um bom desempenho em todos os cenários. As ferramentas e os emuladores de browser podem simular ambientes de elevado DPI, mas os testes em dispositivos reais fornecem a melhor perspetiva sobre a forma como os seus conteúdos multimédia aparecerão aos utilizadores finais.

O tratamento eficaz dos ecrãs Retina e de elevado DPI é fundamental para proporcionar uma experiência visualmente apelativa e responsiva aos utilizadores em todos os dispositivos. Ao utilizar uma combinação de técnicas para servir suportes de alta resolução, otimizar o desempenho e utilizar gráficos vectoriais, os programadores podem garantir que os seus sítios Web têm um aspeto nítido e carregam rapidamente, mesmo nos ecrãs mais avançados.

Referências

1. Marcotte, Ethan. "Responsive Web Design". A Book Apart, 2011.
2. Keith, Jeremy. "HTML5 para Web Designers". A Book Apart, 2010.
3. Cederholm, Dan. "CSS3 para Web Designers". A Book Apart, 2010.
4. Weyl, Estelle. "CSS: O Guia Definitivo". O'Reilly Media, 2017.
5. Bos, Wes. "CSS Grid". [Curso online], 2018.
6. Frain, Ben. "Web Design Responsivo com HTML5 e CSS". Terceira edição, Apress, 2020.
7. Gillenwater, Zoe Mickley. "Web Design Flexível: Criando layouts líquidos e elásticos com CSS". New Riders, 2009.
8. Robbins, Jennifer Niederst. "Aprendendo Web Design: Um guia para iniciantes em HTML, CSS, JavaScript e gráficos da Web". Quinta edição, O'Reilly Media, 2018.
9. Powers, Shelley. "Aprendendo Web Design Responsivo: A Beginner's Guide". O'Reilly Media, 2014.
10. Hogenson, Christopher. "Arquitetura Modular e Escalável para CSS (SMACSS)." SMACSS.com, 2012.
11. McFarland, David Sawyer. "CSS: The Missing Manual". Quarta edição, O'Reilly Media, 2015.
12. Gardner, Ben. "CSS Flexbox e layout de grade". Packt Publishing, 2017.
13. Walton, Alex. "Implementando o design responsivo: Criando sites para uma Web em qualquer lugar e em todos os lugares". New Riders, 2012.
14. Haig, Brian. "Web Design Adaptativo: Crafting Rich Experiences with Progressive Enhancement". Segunda edição, New Riders, 2015.
15. Thomas, Val Head e Jason Pamental. "Projetando para a Web com padrões da Web". A List Apart, 2019.
16. Haverbeke, Marijn. "JavaScript Eloquente: Uma Introdução Moderna à Programação". Terceira edição, No Starch Press, 2018.
17. Griffith, Chris. "Electron: From Beginner to Pro". Apress, 2017.
18. Rubin, Jen. "Visualização de dados com JavaScript". No Starch Press, 2015.

19. Beighley, Lynn. "Head First SQL: Your Brain on SQL -- A Learner's Guide". O'Reilly Media, 2007.

20. Duckett, Jon. "HTML e CSS: Design and Build Websites". Wiley, 2011.

21. McPeak, Jeremy e Paul Wilton. "Iniciando o JavaScript". Quinta edição, Wrox, 2015.

22. Keith, Jeremy e Rachel Andrew. "HTML5 para Web Designers". Segunda edição, A Book Apart, 2016.

23. Niederst Robbins, Jennifer. "Web Design in a Nutshell: A Desktop Quick Reference". Terceira edição, O'Reilly Media, 2006.

24. Andrew, Rachel. "O novo layout CSS". A Book Apart, 2017.

25. Marcotte, Ethan. "Web Design Responsivo: Patterns and Principles". A Book Apart, 2015.

26. Mazzola, Joe. "SVG Essentials". O'Reilly Media, 2014.

Printed by Books on Demand GmbH, Norderstedt / Germany